Dis Pourquoi ?

L'ESPACE

DEUX COQS D'OR

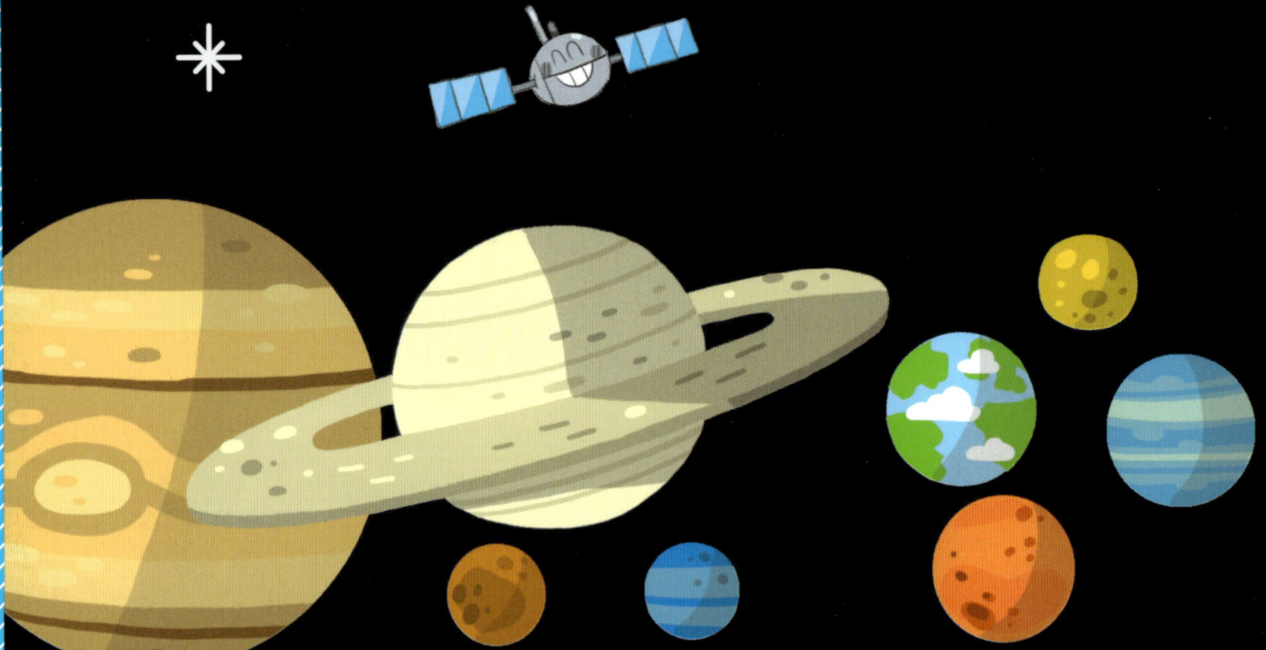

Directrice : Sarah Kœgler-Jacquet
Directrice de projets : Sandra Berthe
Éditrice : Marion Lambert-Gusdorf
Éditrice junior : Justine Simorre
Graphiste : Fanny Boiron
Fabrication : Morgane Lajeunesse

Suivi éditorial : Mathilde Ricciardelli
Mise en pages : Céline Trouvé
Lecture-correction : Agnès Scicluna

Auteure : Mathilde Paris
Illustrations : Patrick Morize et Fabrice Mosca

SOMMAIRE

Notre place dans l'UNIVERS

Où est-ce qu'on se trouve dans l'Univers ?

L'Univers est fait **de milliards d'étoiles** qui se groupent et tournent sur elles-mêmes pour former **des galaxies**. Notre galaxie à nous ressemble à une grande spirale blanche avec des sortes de branches. À l'époque de l'Antiquité, les Grecs pensaient que **cette traînée blanche** composée d'étoiles était une grande trace de lait, c'est pour cela qu'ils lui ont donné **ce nom de voie « lactée »** ! C'est dans cette Voie lactée que se situe **notre Système solaire et notre planète**.

Qu'est-ce qu'il y a dans l'espace ?

On dit souvent qu'il n'y a rien ou pas grand-chose dans l'espace, mais ce n'est pas vrai ! L'espace est composé **de gaz, de poussières et d'astres** éparpillés un peu n'importe où. Comme il n'y a pas d'air dans l'espace pour filtrer les rayons du Soleil et provoquer de la lumière, **l'espace est très sombre**. Il est tellement grand que, depuis la Terre, nous n'en voyons qu'une petite partie !

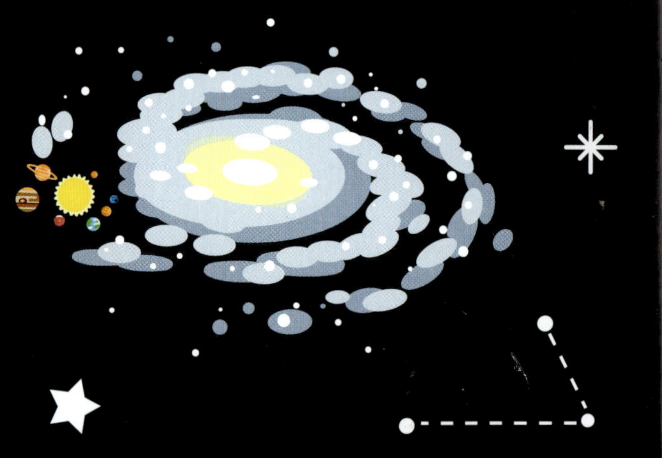

C'est quoi, un astre ?

Les astres sont **des objets** qui font partie de l'Univers. Il y a deux sortes d'astres : ceux qui produisent de **la lumière** comme le Soleil et **les étoiles** et ceux qui n'en produisent pas comme **la Lune et les planètes**.

Est-ce qu'on peut observer l'espace avec des jumelles ?

Oui ! On ne verra pas tout évidemment mais, avec **de bonnes jumelles**, on peut facilement observer les étoiles, la Lune et même certaines planètes. **Vénus, Mars, Jupiter et Saturne** sont bel et bien visibles, il faut juste connaître les bonnes périodes et apprendre à les distinguer. Le mieux est d'observer le ciel avec **un télescope**, qui permet de voir plus de choses.

Ça brille dans le CIEL !

Qu'est-ce qu'une étoile filante ?

Les étoiles filantes ne sont, en fait, pas des étoiles ! Ce sont **des débris de comètes, de masses de glace et de roche** provenant de l'extérieur du Système solaire. Ces débris arrivent si vite sur Terre qu'**ils brûlent** en traversant l'air et produisent **une traînée lumineuse**. En tournant autour du Soleil, la Terre traverse toujours les mêmes courants **de poussières** essaimés qui donnent ce que nous appelons **les « pluies d'étoiles »**. On peut les observer plusieurs fois par an.

Quelle est la différence entre un météore, un bolide et une météorite ?

Plus connu sous **le nom d'étoile filante**, le météore désigne la traînée lumineuse que l'on peut voir dans le ciel lorsqu'un corps rocheux traverse **l'atmosphère**. Lorsque ce corps rocheux est plus gros, **sa traînée lumineuse** est plus brillante. Dans ce cas, ce météore est appelé **« bolide »**. Enfin, si le météore survit à son passage dans l'atmosphère, le fragment que l'on retrouvera sur Terre est appelé **« météorite »**.

Pourquoi les étoiles brillent-elles ?

Les étoiles sont comme des énormes **boules de feu**, composées d'un gaz appelé **« hydrogène »**. Elles produisent beaucoup de lumière et de chaleur mais, comme elles sont loin de nous, elles ne peuvent pas **nous éclairer ou nous chauffer** comme le Soleil. Parfois, quand il n'y a plus d'hydrogène, les étoiles ne peuvent plus produire de lumière ou de chaleur, et elles s'éteignent, un peu comme **un feu** quand il n'y a plus de bois.

Qu'est-ce qu'une constellation ?

Il y a environ **2000 ans**, des hommes ont eu l'idée de former des dessins en traçant **des lignes imaginaires** entre les étoiles, pour mieux connaître le ciel. Ces dessins représentent **des animaux**, **des objets ou des créatures légendaires** et sont appelés « constellations ». En tout, il y en a 88 !

Comment les noms des constellations ont-ils été choisis ?

Tout simplement en fonction **de la forme du dessin** de la constellation. Par exemple, la constellation d'Orion, dont le dessin représente un chasseur armé d'un arc, tire **son nom d'un célèbre chasseur** dans une légende très ancienne. **La constellation du Lion**, quant à elle, a tout simplement la forme d'un lion ! Ces noms, choisis par **des astronomes** du passé, n'ont pas changé depuis l'Antiquité !

Le Système SOLAIRE

Le Système solaire est composé d'une étoile, le Soleil, autour de laquelle tournent des astres. Parmi ces astres, il y a 8 planètes. Et parmi ces 8 planètes, il y a la Terre ! Voici l'ordre des planètes, de la plus proche du Soleil à la plus éloignée : Mercure, Vénus, Terre, Mars, Jupiter, Saturne, Uranus et Neptune.

Plus les planètes sont éloignées du Soleil, plus elles tournent lentement, et plus leur chemin est long. Mercure met 3 mois pour faire le tour du Soleil, la Terre, 1 an, Jupiter, 12 ans, Saturne, presque 30 ans et Neptune, près de 165 ans ! Les planètes tournent autour du Soleil, mais elles tournent aussi sur elles-mêmes à différentes vitesses.

Parce qu'il a l'avantage d'être l'astre le plus gros du Système solaire, le Soleil se trouve au centre ! Dans l'espace, les petits éléments sont toujours attirés par les gros, un peu comme s'ils étaient aimantés, et ils tournent autour.

Ça en fait de la circulation dans le Système solaire ! Heureusement, les planètes ne se rentrent pas dedans parce qu'elles suivent toutes un chemin tracé autour du Soleil qu'on appelle « orbite ». Chaque planète possède sa propre orbite, c'est-à-dire sa propre route qui, le plus souvent, a une forme ronde ou ovale.

Les planètes tournent donc autour du Soleil, mais il n'y a pas qu'elles ! Il y a aussi des astéroïdes : des corps rocheux qui peuvent faire jusqu'à 1 000 km de large ! La majorité d'entre eux se trouvent dans ce qu'on appelle la « ceinture d'astéroïdes », qui se situe entre Mars et Jupiter.

Au centre, le SOLEIL...

Pourquoi ne peut-on pas marcher sur le Soleil ?

D'abord, parce qu'il n'y a pas de sol et ensuite parce qu'il y fait beaucoup **trop chaud** ! La température à la surface du Soleil atteint **les 5 500 °C**, l'équivalent d'à peu près **21 fours** allumés au maximu
Impressionnant, non ? Et le centre du Sole
est encore plus chaud : **15 millions de °C**

De quoi le Soleil est-il fait ?

Le Soleil est **une énorme boule de gaz en feu**. Ces gaz libèrent une énorme quantité d'énergie produisant **de la chaleur et de la lumière.** Cette boule nous éclaire et nous chauffe depuis plus **de 4 milliards** d'années.

À quelle distance le Soleil se trouve-t-il de la Terre ?

Le Soleil est très loin de la Terre : **près de 150 millions de km** les séparent. Il faudrait rouler environ **171 ans** sans s'arrêter pour rejoindre le Soleil en voiture ! Et pourtant, c'est pile **la bonne distance** pour que le Soleil nous apporte ce qu'il nous faut **de lumière et de chaleur**.

Pourquoi est-ce que le Soleil paraît jaune ?

La lumière du Soleil nous semble jaune, mais en fait elle est **blanche** ! Explication : la lumière blanche est **le mélange des 7 couleurs** de l'arc-en-ciel. Et l'air qui entoure la Terre ne laisse pas passer toutes les couleurs, mais **le jaune, si**. Voilà pourquoi le Soleil paraît jaune !

... et autour, des PLANÈTES

C'est quoi, une planète?

Les planètes sont **des grosses boules** qui tournent **en orbite** autour d'une étoile leur fournissant lumière et chaleur. Dans notre Système solaire, il y a **8 planètes** qui gravitent autour du Soleil. De la plus petite à la plus grande : **Mercure**, **Mars**, **Vénus**, **Terre**, **Neptune**, **Uranus**, **Saturne**, **Jupiter**. Le diamètre de cette dernière est **11 fois plus grand** que celui de la Terre.

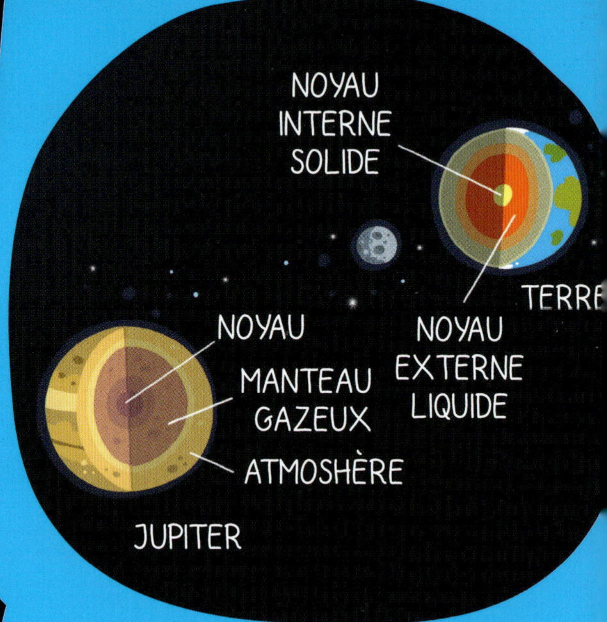

Pourquoi certaines planètes sont-elles dites rocheuses et d'autres gazeuses ?

Les planètes rocheuses, les plus proches du Soleil, sont recouvertes **d'une croûte** faite de minéraux et de roches. Il s'agit de **Mercure, Vénus, Mars et de notre Terre**. À l'inverse, **Neptune, Uranus, Saturne et Jupiter**, les planètes les plus éloignées du Soleil, n'ont **pas de sol** à leur surface, juste des couches de gaz et des nuages. On dit que ce sont **des planètes gazeuses**.

Est-ce que les températures sont les mêmes sur toutes les planètes ?

Non ! Vénus est la planète **la plus chaude** du Système solaire. Grâce à un effet de serre puissant, sa surface est maintenue à **une température moyenne** de 470 °C. À l'inverse, **Neptune ne peut pas être chauffée** par le Soleil puisque c'est la planète la plus éloignée. En plus d'être parcourue par **les vents les plus violents** du Système solaire, il y fait -220 °C en permanence !

De quoi sont composés les anneaux de Saturne ?

Depuis la Terre, on a l'impression que les anneaux de Saturne sont continus mais, en fait, ils sont constitués d'une multitude **de blocs de glace, de poussières et de roches** plus ou moins grosses. Saturne est entourée par **la plus grande formation d'anneaux** du Système solaire, mais ce n'est pas la seule planète **composée d'anneaux** : Jupiter, Uranus et Neptune en ont également.

Pourquoi les planètes ont-elles des couleurs différentes ?

Tout simplement parce qu'elles ne sont pas constituées des mêmes éléments ! Mars est souvent appelée **la « planète rouge »** parce que sa surface rocailleuse et désertique est recouverte d'une poussière riche **en oxyde de fer** de couleur rougeâtre. Uranus et Neptune ont une apparence **bleutée** provenant de **la présence de méthane**, un gaz également présent à l'état naturel sur la Terre. Quant à la grande tache rouge sur Jupiter, c'est **une sorte d'ouragan** qui existe depuis plus de 300 ans et qui fait deux fois la taille de la Terre !

Notre TERRE

Pourquoi la Terre est-elle appelée la « planète bleue » ?

Tout simplement parce que plus de la moitié de sa surface est **recouverte d'eau**. Depuis l'espace, cette eau donne une belle couleur bleue à la Terre. **Les taches blanches** qu'on aperçoit sur la Terre depuis l'espace ne sont que **des nuages** ! Ils ont l'air posés sur la Terre, mais en réalité ils sont bien haut dans le ciel.

Est-ce que tu peux faire coucou à un astronaute depuis ta fenêtre ?

Oui, tu peux tout à fait faire coucou à **un astronaute** depuis ta fenêtre, mais il ne te verra pas. Et d'ailleurs, tu ne le verras pas non plus : **la distance** entre vous deux est beaucoup **trop grande !** En fait, depuis l'espace, **aucune construction humaine** n'est visible, même les plus imposantes, comme la Grande Muraille de Chine ! Mais de nuit, les éclairages **des grandes villes** apparaissent, et la Terre **s'illumine**.

C'est quoi l'atmosphère terrestre ?

C'est **le bouclier** de la Terre ! L'atmosphère est une couche **de différents gaz** enveloppant la Terre. Ils jouent un rôle fondamental dans le maintien de la vie : ils permettent de nous fournir **de l'oxygène** tout en nous protégeant **des rayons du Soleil**. Grâce à **l'atmosphère**, les températures entre le jour et la nuit varient peu sur Terre, contrairement à celles d'autres planètes. Sur **Mercure** par exemple, il peut faire 427 °C la journée, et -173 °C la nuit, il est donc impossible d'y vivre !

Pourquoi la rotation de la Terre est-elle importante ?

La Terre tourne sur elle-même **autour d'un axe légèrement incliné**, ce qui veut dire que toute la Terre ne reçoit pas la même quantité de chaleur et de lumière en même temps. Quand c'est **l'été** dans l'hémisphère Nord, c'est **l'hiver** dans l'hémisphère Sud. De même, comme la Terre tourne sur elle-même **en 24 heures**, ces deux hémisphères ne sont pas frappés par les rayons du Soleil au même moment. Pendant 24 heures, la moitié de la Terre située face au Soleil est dans **le jour**, l'autre moitié est dans **la nuit**. Et ce phénomène s'inverse pour les 24 heures suivantes !

La LUNE

La Lune vue depuis la Terre, change d'apparence et semble parfois se cacher derrière les nuages. Elle fait même quelques apparitions en plein jour, mais ce n'est pas systématique car, pour que cela soit possible, il faut certaines conditions : le ciel doit être bien dégagé et la Lune doit être loin du Soleil pour réfléchir une partie de sa lumière. La Lune est bien mystérieuse !

LA LUNE GIBBEUSE CROISSANTE

La Lune est de plus en plus éclairée par le Soleil.

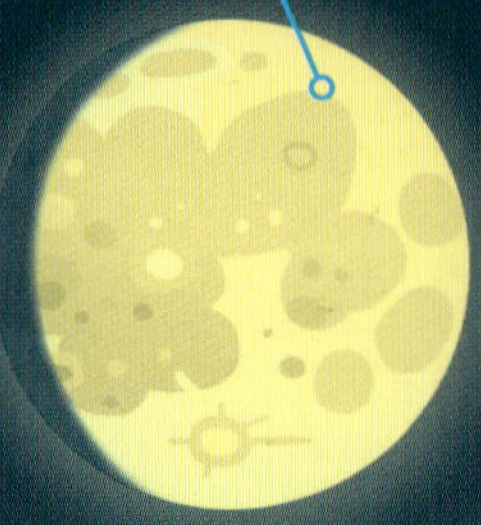

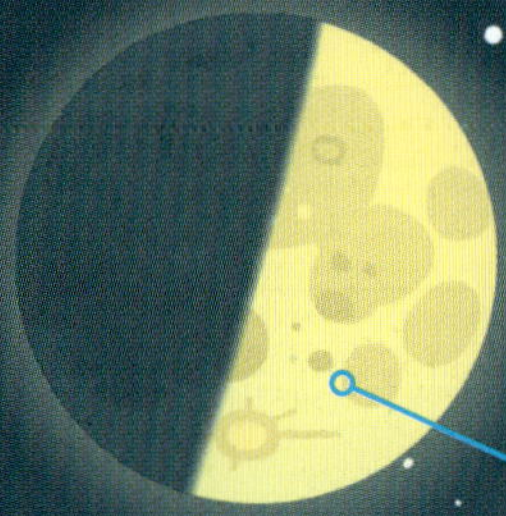

LE PREMIER QUARTIER

La Lune est éclairée à moitié. Si on ajoute une barre vers le bas de ce quartier, on peut former la lettre « P » : c'est le premier quartier !

LE PREMIER CROISSANT

Une petite partie de la Lune commence à être éclairée par le Soleil, et cette surface ressemble à un croissant.

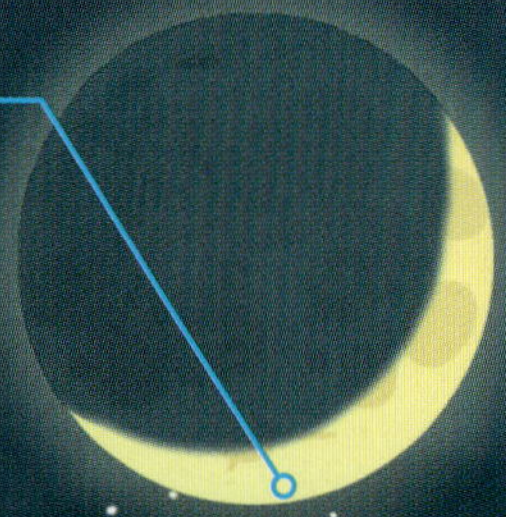

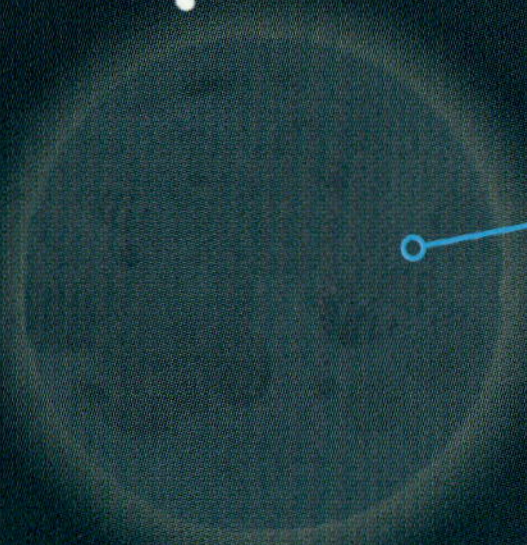

LA NOUVELLE LUNE

C'est quand la Lune se trouve exactement entre le Soleil et la Terre. À ce moment-là, elle n'apparaît pas dans le ciel, la nuit.

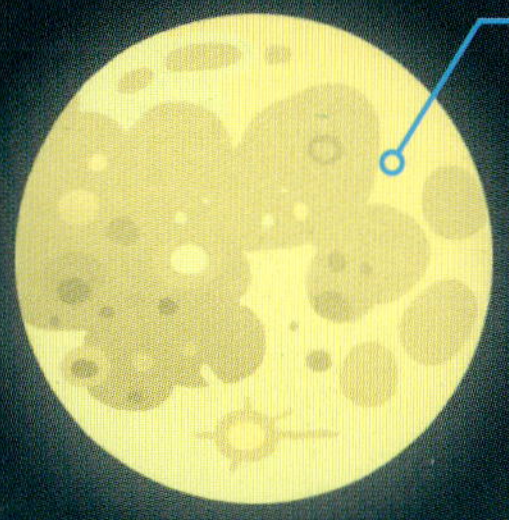

LA PLEINE LUNE

La Lune et le Soleil sont en opposition par rapport à la Terre, et toute la face visible de la Lune est éclairée. La durée entre deux pleines lunes est de 29,5 jours.

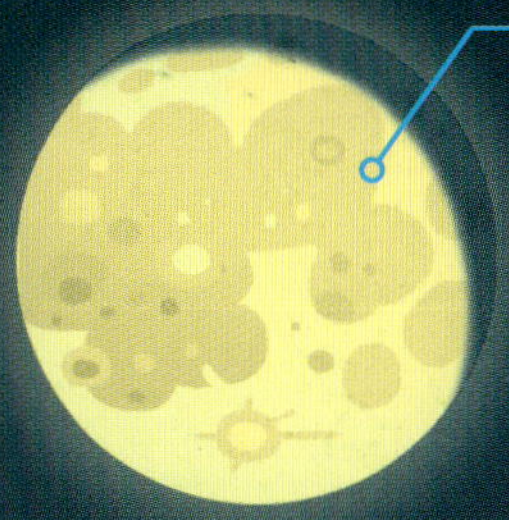

LA LUNE GIBBEUSE DÉCROISSANTE

Une petite partie de la Lune est passée dans l'obscurité.

LE DERNIER QUARTIER

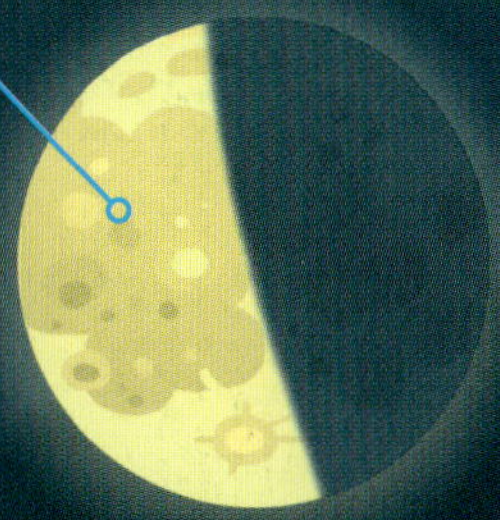

La Lune est éclairée à moitié. Si on ajoute une barre vers le haut de ce quartier, on peut former la lettre « D » : c'est le dernier quartier !

L'INFO EN PLUS !

La Lune est à l'origine des marées ! Quand elle se trouve face à une mer ou un océan, elle attire l'eau, comme un aimant géant, et l'eau monte. Quand la Lune s'éloigne, le niveau de l'eau baisse.

LE DERNIER CROISSANT

Une petite partie de la Lune reste éclairée par le Soleil. C'est le croissant inverse du premier croissant.

Les astronomes et leurs AVANCÉES

Quel astronome est resté célèbre pour son système ?

C'est **Claude Ptolémée**, un savant grec qui a vécu il y a presque 2 000 ans ! Si sa vie est peu connue, son système, lui, est très célèbre... même s'il est faux ! **Sa théorie astronomique** plaçait la Terre, **immobile**, au centre de l'Univers. Il affirmait que la Terre ne bougeait pas, et que c'étaient **les planètes qui tournaient autour d'elle**. Aujourd'hui, on sait que ce n'était pas le cas, mais à l'époque, impossible à vérifier !

Pourquoi Nicolas Copernic a-t-il provoqué une véritable révolution scientifique ?

Né en 1473 et mort 1543, **cet astronome polonais** a eu le courage de s'opposer à tous et d'avancer une nouvelle idée : selon lui, ce n'était pas la Terre qui se trouvait au centre de l'Univers, mais **le Soleil**. Il pensait que **la Terre tournait** donc autour du Soleil... et il avait raison ! Son système a permis de faire des prédictions plus précises **des trajectoires** des planètes.

Quel instrument Galilée a-t-il inventé ?

La lunette astronomique ! Elle permet encore aujourd'hui d'observer le ciel. Il s'agit d'un instrument optique basé sur le même principe que les jumelles ou **la longue-vue** : deux lentilles permettent d'obtenir une image grossie d'un objet qui se trouve loin. **Galilée** (1564-1642), mathématicien italien, a découvert **de nombreuses lois**, dont celle de la gravité, **cette force terrestre** qui nous pousse vers le bas. Comme Copernic, il avait compris que la Terre tourne autour du Soleil.

Qui a établi un catalogue des étoiles ?

C'est **Tycho Brahe** ! Ce savant danois (1546-1601) est le premier grand astronome des Temps modernes. Pendant des années, il a mesuré **la position** des étoiles et des planètes. Il a réussi à prouver que **le ciel** était changeant, et que des étoiles pouvaient apparaître ou disparaître. Il faisait **ses mesures à l'œil nu** mais de façon très précise.

Pourquoi Isaac Newton est-il considéré comme l'un des plus grands scientifiques ?

Isaac Newton (1643-1727), scientifique et philosophe anglais, est à l'origine **de nombreuses découvertes majeures**. C'est lui qui a démontré que **la gravité** est une force attirant les objets. Ainsi, le Soleil et les planètes s'attirent mutuellement à cause de leur gravité. Il est aussi **l'inventeur du télescope** : un instrument composé de miroirs qui permet de grossir les objets.

L'Homme et la conquête de l'ESPACE

Comment nos ancêtres regardaient-ils le ciel ?

Depuis toujours, l'Homme regarde le ciel. Au début, **l'observation** ne pouvait se faire qu'à l'œil nu, car il n'y avait pas encore **d'instruments**. Mais on sait qu'à la préhistoire, il existait déjà **des observatoires astronomiques** naturels qui servaient à la mesure du temps et des saisons, mais aussi à **l'astrologie** et à **l'agriculture**. Encore maintenant, on peut se repérer en regardant les étoiles dans le ciel : en connaissant la place d'une étoile dans **la carte du ciel**, on peut savoir dans quelle direction aller. Par exemple, Vénus, l'astre le plus brillant du ciel, est un point de repère facile : le matin, elle est visible à l'est et le soir, elle se trouve à l'ouest.

Pourquoi est-il dangereux d'aller dans l'espace ?

L'espace n'est pas un milieu naturel pour **l'être humain**, le danger est permanent. Les températures sont **extrêmes**, il n'y a pas d'oxygène pour respirer, **des micrométéorites et débris** se déplacent à grande vitesse... Et pourtant, même s'il serait moins coûteux et plus rassurant d'envoyer **des robots dans l'espace** plutô que des Hommes, ceux-ci s'adaptent moins bien. Par exemple, le robot *Curiosity* n'a fait que 17 km en 5 ans **sur Mars**, alors qu'en 1972, les derniers hommes envoyés sur la Lune ont fait 36 kr en 3 jours !

Est-ce que tout le monde pourra un jour aller dans l'espace?

Ce qui est sûr, c'est que, grâce à la recherche, **voyager dans l'espace** devient de plus en plus **facile**, même si cela reste **très cher** et pas encore accessible à tout le monde. Jusqu'à présent, l'Homme est allé jusqu'à la face cachée de la Lune, mais personne ne s'est aventuré au-delà! En tout, **12 êtres humains** ont marché sur la Lune, et **226 astronautes** ont eu la chance de rejoindre la Station spatiale internationale qui se trouve à 400 km de la Terre. Mais peut-être qu'un jour il sera normal de passer **ses vacances dans l'espace**, ou de vivre sur une autre planète!

Pourquoi la conquête de l'espace ne s'arrête-t-elle jamais ?

On a beaucoup progressé dans **la conquête de l'espace**, mais il y a encore tellement de choses à découvrir! Après avoir posé le pied sur la Lune, les astronautes espèrent maintenant **marcher sur Mars**, mais ce n'est pas pour tout de suite. Actuellement, il faut environ **7 mois** pour rejoindre la planète Mars, donc les scientifiques recherchent un moyen de construire **des vaisseaux plus rapides** pour raccourcir la durée des voyages dans l'espace.

Pourquoi essaye-t-on de rapporter des roches martiennes?

Mars n'a pas toujours été ce désert aride que l'on connaît: la planète possédait **des lacs, des cours d'eau et des mers**! Plusieurs pays sont donc en train de fabriquer **des rovers martiens**, des engins spéciaux pouvant se déplacer sur toutes sortes de surfaces, afin de rapporter **des roches ferreuses** qui permettraient d'en savoir plus sur le passé de la planète.

La FUSÉE

Qui a inventé la fusée ?

C'est un physicien américain, **Robert Goddard**, qui a été le premier à mettre au point **un prototype de fusée** et aussi le premier à en réussir le lancement. La première fusée a été lancée le 16 mars 1926 et s'est élevée à environ **12 m d'altitude**. Un bon début !

De quoi la fusée est-elle composée ?

La fusée est surtout composée **d'énormes réservoirs de carburant** et de gros moteurs. Tout en haut, **sous la coiffe**, se trouve le vaisseau qui permet d'embarquer les astronautes à son bord. Il est composé **de 3 modules**, dont la capsule, où se tiennent les 3 astronautes. Ils ne doivent absolument pas quitter **cette capsule** lors du décollage, car le reste de la fusée se désintègre après cette phase.

Est-ce que les familles des astronautes peuvent entrer dans la fusée ?

Malheureusement non ! **Les astronautes** disposent d'un peu de temps avec leur famille avant le départ, mais **une vitre** les sépare pour éviter **tout échange de microbes** avant de décoller pour l'espace.

Pourquoi faut-il fabriquer une nouvelle fusée à chaque nouvelle mission ?

Au fur et à mesure que **la fusée** monte dans le ciel, elle largue les éléments dont elle n'a plus besoin pour **s'alléger**, comme **les moteurs et les réservoirs** de carburant. La fusée n'est donc utilisable qu'**une seule fois** !

Devenir ASTRONAUTE

Pour devenir astronaute, il faut d'abord avoir fait des études scientifiques et être en bonne santé physique et mentale. Il faut également remplir certains critères définis par l'ESA (l'Agence spatiale européenne), comme, par exemple, avoir entre 27 et 37 ans ou mesurer entre 1,53 et 1,90 m.

La plupart des astronautes voyagent à bord de fusées russes où tout est écrit… en russe ! Il est donc très utile pour les astronautes de comprendre le russe, mais ils doivent aussi maîtriser parfaitement l'anglais pour pouvoir communiquer entre eux.

Les astronautes s'entraînent sous l'eau car le corps est plus léger, et donc les conditions ressemblent plus à celles dans l'espace. Il n'est pas rare que les astronautes passent jusqu'à 6 heures dans leur scaphandre à 12 m de profondeur !

Pour limiter les risques une fois dans l'espace, les astronautes ont une formation accélérée en médecine ! Parmi l'équipage, au moins un astronaute est capable d'intervenir pour, par exemple, suturer des petites plaies, faire des piqûres, ou arracher une dent. L'ISS (Station spatiale internationale) est bien évidemment équipée de trousses à pharmacie.

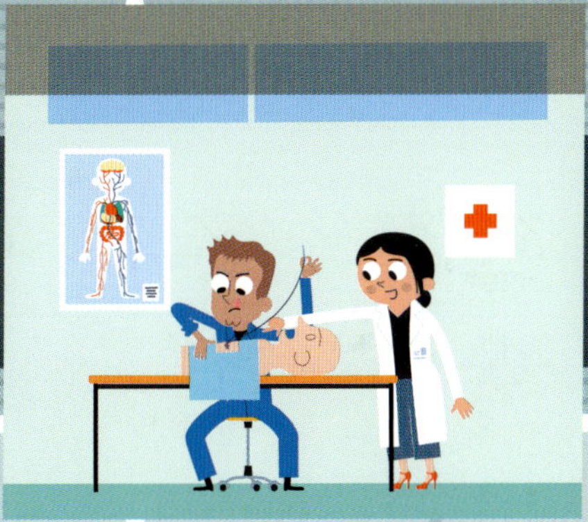

Les astronautes sont comme les stars de cinéma : elles ont leur doublure ! Entre la sélection et le départ, il peut s'écouler plusieurs années durant lesquelles les astronautes se préparent à partir dans l'espace. Chaque astronaute a donc sa doublure, c'est-à-dire un autre astronaute prêt à prendre le relais, en cas de maladie, virus ou autre problème.

Quel VOYAGE !

Comment les astronautes préparent-ils leur valise pour aller dans l'espace?

Pas facile! **Un premier bagage**, de la taille d'une boîte à chaussures, part dans un vaisseau cargo envoyé par une fusée. Les astronautes emportent ensuite **un second bagage**, dont le poids ne doit pas dépasser **1,5 kg**. Ils peuvent quand même sélectionner **quelques objets** qui leur tiennent à cœur et qu'ils veulent emmener. Par exemple, lors de son voyage, le Français Thomas Pesquet a emporté **un volant de badminton et sa ceinture noire de judo**.

Pourquoi y a-t-il des rituels avant le décollage ?

Pour perpétuer une tradition instaurée par **Youri Gagarine**, le premier astronaute à avoir effectué **un vol dans l'espace** en 1961. Depuis, les astronautes effectuent **des rituels** avant leur départ : planter un arbre, regarder **un western russe**, hisser le drapeau de son pays, **signer la porte** de leur chambre d'hôtel, et enfin… uriner sur une roue de bus !

D'où partent les fusées ?

Elles sont lancées d'une base de lancement parfois appelée **« port spatial » ou « cosmodrome »**. C'est le cas de la base de lancement de Baïkonour au Kazakhstan d'où est parti Thomas Pesquet en novembre 2016. Les bases de lancement se situent dans **des zones désertiques** ou près d'un océan, pour éviter que les éléments de la fusée qui se détachent **lors du décollage** ne retombent sur des habitations.

Comment un décollage se déroule-t-il ?

6 secondes avant le lancement, **les 3 moteurs** de la navette sont mis à feu. Puis, **ses fusées d'appoint** sont allumées, l'ensemble mettant 8 secondes pour atteindre la vitesse de 160 km/h. Au bout de 2 minutes, alors que la navette atteint une altitude de 45 km et voyage à plus de 4 800 km/h, les 2 fusées d'appoint se détachent et retombent. Elles sont **ralenties par des parachutes** puis récupérées. Il faut près de 6 heures à la capsule pour atteindre **l'ISS** qui se trouve à 400 km de la Terre.

Comment les astronautes reviennent-ils sur Terre ?

Le jour du retour, les astronautes s'installent dans **le module central** de la capsule amarrée à l'ISS. Première étape : ils désenclenchent les crochets retenant la capsule à la station, et **des ressorts** poussent la capsule loin de l'ISS qui se met ensuite en orbite. Étape suivante : **le désorbitage**. Pour sortir de son orbite, la capsule ralentit à une vitesse de 120 m/s, ce qui modifie **sa trajectoire** et enclenche son entrée dans l'atmosphère. Arrivée à 140 km du sol terrestre, **la capsule** commence à **s'enflammer** au contact de l'air et fonce vers le sol. Heureusement, **un bouclier thermique** protège la capsule des températures extrêmes ! Enfin, à 10 km d'altitude, des parachutes sont déployés pour compléter la décélération, et, à moins d'1 m du sol, **6 rétrofusées** sont activées pour retenir le choc.

On a marché sur la LUNE !

Qu'est-ce que c'est le programme Apollo ?

C'est le nom donné au programme mené par **les États-Unis**, de 1961 à 1975, qui a permis d'envoyer pour **la première fois** des hommes sur la Lune. Le 20 juillet 1969, **l'Américain Neil Armstrong** est le premier à poser les pieds sur la Lune. Il prononcera alors cette phrase devenue célèbre : **« C'est un petit pas pour l'homme, un pas de géant pour l'humanité. »** Seulement **12 hommes** ont marché sur la Lune, entre 1969 et 1972. Et que des Américains !

Combien de temps a duré cette première expédition ?

Le 16 juillet 1969, la fusée *Saturn V* est lancée dans l'espace avec, à son sommet **le vaisseau *Apollo 11*** et 3 astronautes. L'expédition dure **8 jours** au total : 3 jours pour aller **jusqu'à la Lune,** 2 jours sur place, et 3 jours pour **revenir sur Terre**.

Pourquoi y a-t-il des objets humains sur la Lune ?

En plus **des débris spatiaux** laissés sur la Lune pour alléger le poids du vaisseau au moment du départ, les astronautes ont aussi déposé **des objets personnels** au fur et à mesure des expéditions, comme **des balles de golf**, une photo de famille, un drapeau américain et même des bottes spatiales. Une façon de dire **« on y était ! »**.

Comment les astronautes se sont-ils déplacés sur la Lune?

Avec **un rover lunaire** ! Ce véhicule d'exploration spatiale, conçu spécialement pour les déplacements à **la surface de la Lune**, a été conçu sans connaître les caractéristiques du sol lunaire. **Un exploit** donc ! Il pouvait transporter **plus de 490 kg** de charge utile à la vitesse modeste de 14 km/h.

Pourquoi des roches lunaires ont-elles été rapportées sur Terre?

Le but des expéditions sur la Lune était avant tout de faire **des recherches scientifiques**. Ainsi, en rapportant des roches lunaires, **les astronautes** ont permis d'en apprendre un peu plus sur **ce corps céleste**. Ils en ont ramassé à la surface, mais ils ont aussi creusé dans le sol grâce à **une foreuse spéciale**.

La STATION spatiale INTERNATIONALE

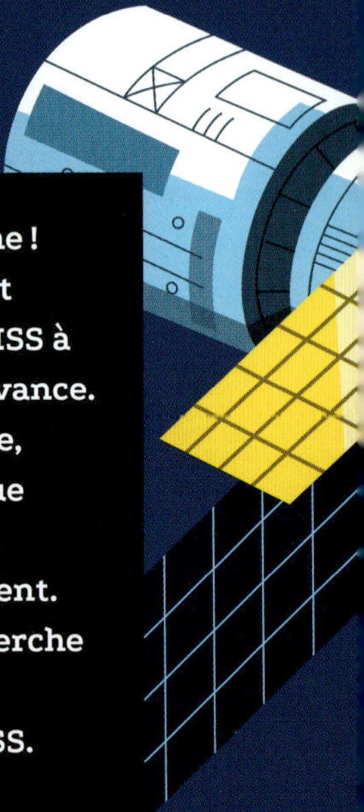

Attention, fusée en approche ! La trajectoire de la fusée est calculée pour rencontrer l'ISS à un point précis, défini à l'avance. Quand la capsule s'approche, les astronautes vérifient que celle-ci est bien étanche, et que les systèmes fonctionnent. Ensuite, ils actionnent la perche d'arrimage qui permet à la capsule de s'accrocher à l'ISS. Les astronautes n'ont plus qu'à ouvrir les sas, et les voilà dans l'ISS.

Grâce à l'utilisation de grands panneaux solaires qui convertissent l'énergie du Soleil, l'ISS possède l'électricité. Avec tous les panneaux déployés, l'ISS, qui mesure 110 m de largeur et 74 m de longueur, est grande comme un terrain de football. Elle pèse 400 t, soit à peu près 100 éléphants !

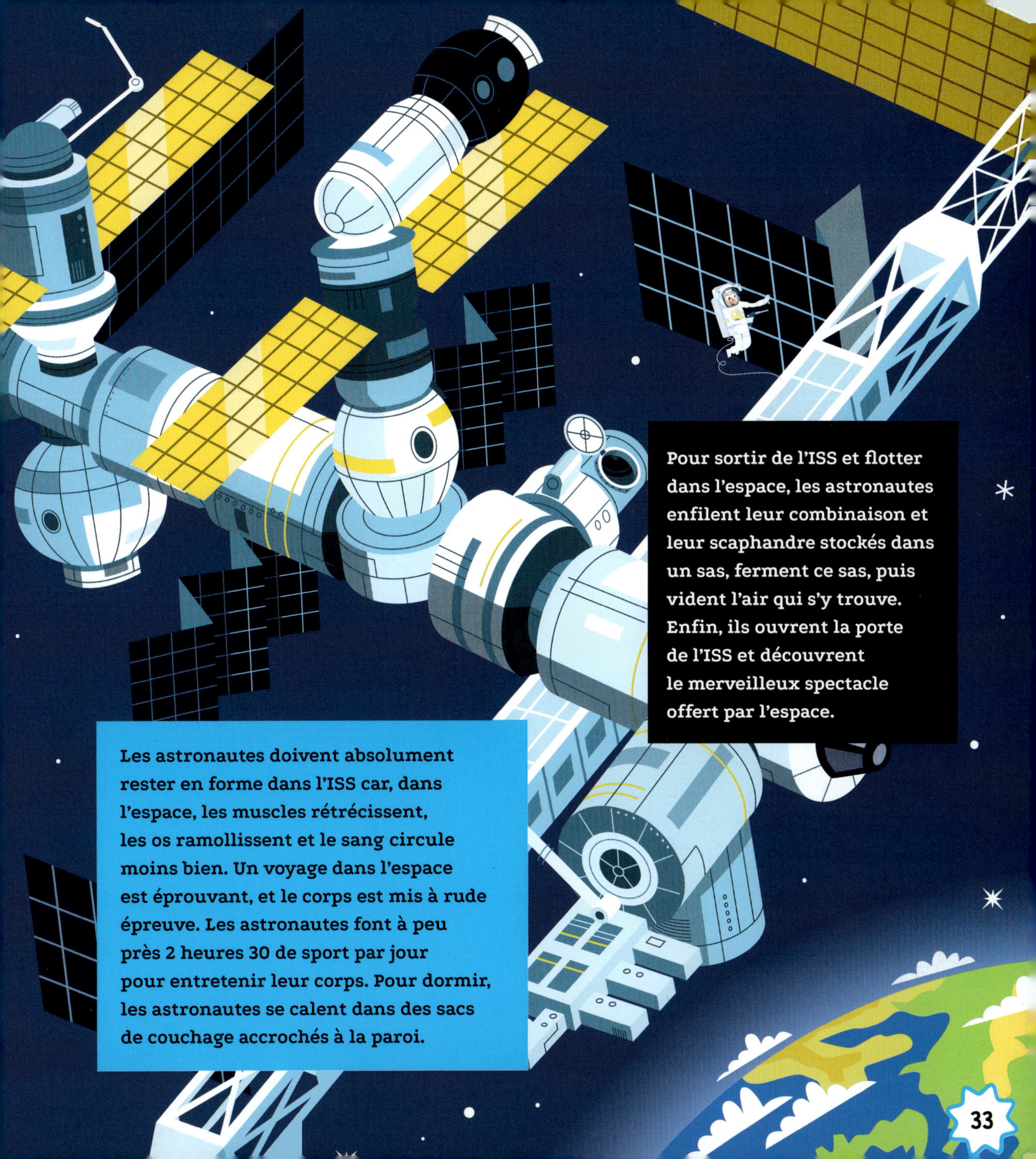

Pour sortir de l'ISS et flotter dans l'espace, les astronautes enfilent leur combinaison et leur scaphandre stockés dans un sas, ferment ce sas, puis vident l'air qui s'y trouve. Enfin, ils ouvrent la porte de l'ISS et découvrent le merveilleux spectacle offert par l'espace.

Les astronautes doivent absolument rester en forme dans l'ISS car, dans l'espace, les muscles rétrécissent, les os ramollissent et le sang circule moins bien. Un voyage dans l'espace est éprouvant, et le corps est mis à rude épreuve. Les astronautes font à peu près 2 heures 30 de sport par jour pour entretenir leur corps. Pour dormir, les astronautes se calent dans des sacs de couchage accrochés à la paroi.

On vit comment dans l'ESPACE ?

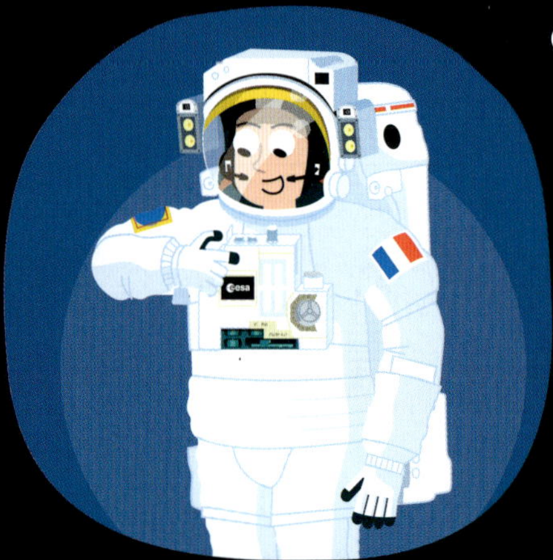

Pourquoi la combinaison des astronautes a-t-elle des accessoires ?

Parce que l'on n'imagine pas tout ce qu'on fait par réflexe et qu'on ne peut pas faire avec **une combinaison spéciale** : se gratter le nez par exemple ! Heureusement, grâce à un morceau de scratch placé à l'intérieur du casque, c'est possible. Le casque possède également **une visière dorée** pour protéger les yeux de **l'éclat du Soleil**, et la combinaison dispose **d'un miroir** pour que l'astronaute puisse regarder **l'écran de commande** qui se trouve sur sa poitrine. Dans leur sac à dos, les astronautes ont leurs réserves **d'eau et d'oxygène**, indispensables à une sortie dans l'espace !

Comment peut-on boire ou faire pipi dans l'espace ?

Comme les astronautes passent parfois plusieurs heures en dehors de la Station spatiale internationale, ils portent **une couche spéciale** ou un épais caleçon absorbant. Pour boire, il y a **une paille** dans le casque reliée à **une boisson sous vide**. Dans l'ISS, ils utilisent un systèm composé d'un tuyau et d'un entonnoir. **L'urine** est ensuite **recyclée** pour devenir de l'eau potable ! Pour faire caca, les astronautes peuvent s'asseoir sur **un petit siège** aménagé au-dessus d'un récipient qui sera **évacué** dans l'espace.

Pourquoi manger dans l'espace est-il différent de manger sur Terre ?

Parce que la nourriture peut **s'envoler** et **flotter** ! Pour ne pas que cela arrive, la nourriture est **lyophilisée**, c'est-à-dire qu'elle est emballée dans des petits sacs et doit être **réhydratée avec de l'eau** avant d'être dégustée. Tout est pensé pour que ce soit facile et efficace : la nourriture doit avoir un fort pouvoir nutritif, elle doit **se conserver longtemps**, et ne comporter aucun risque bactériologique. Tout doit pouvoir se manger à **la petite cuillère** ou se boire à la paille. Enfin, un détail important : **le goût et l'odorat** sont altérés dans l'espace, comme si on mangeait en se bouchant le nez !

Comment les astronautes se lavent-ils ?

Les astronautes ne se prélassent pas dans un bain : ils prennent **des douches rapides** en mélangeant un peu d'eau qui reste collée à la peau **avec du savon**. L'eau évaporée est ensuite transformée en eau potable. **Se brosser les dents** relève aussi du défi : il faut faire poindre **une minuscule bulle d'eau** qui sera absorbée par les poils de la brosse. Une fois que le brossage est terminé, pas moyen **de cracher** : il faut tout avaler !

Les engins BIZARRES très utiles

Qu'est-ce qu'une sonde spatiale?

C'est **un vaisseau non habité** contenant **des robots et caméras**. Il est envoyé hors de l'orbite terrestre pour étudier **les corps célestes** qui se trouvent dans le Système solaire : planètes, lunes, astéroïdes… C'est par exemple grâce à une sonde qu'on a découvert **la planète Vénus**. Contrairement aux satellites artificiels, les sondes spatiales ne restent pas **en orbite terrestre**, c'est-à-dire qu'elles ne tournent pas autour de la Terre.

À quoi servent les satellites dits « artificiels » ?

Les satellites artificiels sont des machines envoyées par l'Homme pour tourner autour de la Terre. Ils permettent de collecter ou d'envoyer **des informations**. C'est, par exemple, grâce aux satellites qu'on peut prévoir la météo ! **Le premier satellite**, appelé *Spoutnik I*, a été fabriqué par les Russes et lancé en 1957. Il est tout simplement le premier objet artificiel **envoyé dans l'espace**. Actuellement, il y a **plus de 2 600 satellites** qui fonctionnent dans l'espace.

Pourquoi n'est-il pas aussi facile de louer une capsule spatiale que de louer une voiture ?

Actuellement, seulement **3 pays** (la Chine, les États-Unis et la Russie) maîtrisent la conception **des capsules spatiales** et, bien évidemment, ce sont des engins qui valent **des millions** !
Une capsule spatiale est un engin spatial non réutilisable qui peut être habité.
Elle se divise en 2 parties : **un module habitable** où vit l'équipage et **un module de service** contenant le carburant, l'oxygène, l'électricité et le système de propulsion.
Cette seconde partie est abandonnée avant **la rentrée atmosphérique**.

Quelle est la particularité de la navette spatiale ?

Contrairement aux fusées, les navettes sont **réutilisables** ! Elles ressemblent à des avions et peuvent faire **plusieurs voyages** entre la Terre et l'espace pour, entre autres, larguer ou récupérer un satellite. Les États-Unis ont été les premiers à **concevoir une navette spatiale** réutilisable : 6 ont été conçues depuis 1976, et certaines sont aujourd'hui **exposées dans des musées**.

Les infos INSOLITES

Pourquoi grandit-on dans l'espace ?

Dans l'espace, le corps ne subit plus **la gravité** qui nous maintient au sol sur Terre. Du coup, **la colonne vertébrale** s'étire, et les astronautes peuvent gagner **jusqu'à 7 cm** durant leur séjour dans l'espace ! Mais tout revient dans **l'ordre** au retour sur Terre.

Quelle est la différence entre un astronaute et un cosmonaute ?

Rien, sauf le nom ! En fait, il y a même **4 mots** différents pour exprimer la même chose : en Russie, on parle **de « cosmonaute »**, aux États-Unis, **d'« astronaute »**, en Chine **de « taïkonaute »** et en France on dit **« spationaute »**. Mais ce dernier mot est peu utilisé !

Y a-t-il des extraterrestres dans l'espace?

Bonne question! Jusqu'à ce jour, nous n'en avons pas encore rencontré, et aucune vie n'y a encore été décelée. Mais l'espace est **tellement grand** que tout est possible. La question de savoir si nous sommes seuls dans l'Univers obnubile tant **les scientifiques**, qu'ils n'ont de cesse **de chercher un signe**. Certains ont même envoyé un message dans l'espace, **un signal radio** qui restera peut-être à jamais sans réponse. L'avenir nous le dira!

Pourquoi flotte-t-on dans l'espace?

Sur Terre, si on lâche un objet, il tombe par terre à cause de ce qu'on appelle **la « gravité »**. C'est elle qui nous **maintient au sol**. Mais, en s'éloignant de la Terre, la gravité est moins forte, donc **on flotte**! Sur Terre, nous subissons ce qu'on appelle **la « pesanteur »**, dans l'espace, on parle d'« impesanteur » ou **d'« apesanteur »**.

Pourquoi ne peut-on pas pleurer dans l'espace?

En fait, on peut pleurer, mais les larmes **ne coulent pas** sur les joues comme sur Terre! Elles forment **une sorte de poche d'eau** sous les yeux et restent accrochées au visage. À bord de la Station spatiale internationale, l'eau flotte **sous forme de bulles** qui se promènent et se collent à une surface.

Le quotidien inspiré de l'ESPACE

Pourquoi l'aspirateur sans fil est-il lié à la mission Apollo 13 ?

Les astronautes qui ont posé le pied sur la Lune ont rapporté des roches qui se trouvaient en profondeur. Comment ? Avec **une foreuse lunaire** qui disposait d'une grande autonomie électrique. Le concept, **tellement pratique**, a été repensé pour **le quotidien** à travers les aspirateurs sans fil !

Pourquoi nos lunettes sont-elles inspirées des casques des astronautes ?

C'est sur **la visière des casques** des astronautes qu'a été testé pour la première fois un revêtement **anti-rayures** qui protège désormais **nos verres de lunettes**. C'est tellement évident pour nous que l'on oublie que c'est le résultat **de longues recherches scientifiques** !

Pourquoi les raquettes de tennis sont-elles si résistantes ?

Tout simplement parce que **la fibre de carbone** qui les compose est le même matériau que celui utilisé pour **l'armature des fusées** et l'enveloppe de ses réservoirs ! 5 fois moins lourde que l'acier **à résistance comparable**, elle a très vite été adoptée par les sportifs. Cadres de vélos, pare-chocs, archets des violons ont depuis rejoint le mouvement !

Pourquoi sans satellite notre quotidien serait-il bouleversé ?

On ne s'en rend pas vraiment compte, mais la télévision, le GPS, Internet, les prévisions météo... Tout cela est possible **grâce aux satellites** qui sont **des relais fixes** autour du globe et permettent tous les échanges d'informations.

Jeux de l'ESPACE

As-tu bien retenu tout ce que tu as lu de l'espace ? Teste tes nouvelles connaissances en t'amusant !

LABYRINTHE

Aide cet astronaute à retrouver son rover lunaire.

L'ÉTOILE FILANTE EST :

1- Une météorite.
2- Un météore.
3- Une planète.

LETTRES DANS L'ORDRE

Remplace chaque lettre par la lettre précédente dans l'alphabet, et trouve le nom de notre galaxie.

MB WPJF MBDUDD

LA BONNE OMBRE

Trouve l'ombre parfaite de cet astronaute en mission.

QUI A INVENTÉ LE TÉLESCOPE ?

1- Neil Amstrong.
2- Claude Ptolémée.
3- Isaac Newton.

Solutions page 44.

SOLUTIONS

LA BONNE OMBRE

La bonne ombre est l'ombre 2.

LABYRINTHE

L'ÉTOILE FILANTE EST :

2- Un météore.

LETTRES DANS L'ORDRE

LA VOIE LACTÉE.

QUI A INVENTÉ LE TÉLESCOPE ?

3- Isaac Newton.

Petit GLOSSAIRE

LA GALAXIE

C'est un ensemble d'étoiles, de gaz et de poussières. La galaxie à laquelle appartient notre Système solaire est la Voie lactée.

UNE ORBITE

C'est la trajectoire d'un corps céleste autour d'un autre corps céleste, sous l'influence de la gravitation. Il peut s'agir, par exemple, d'une planète tournant autour d'une étoile ou d'un satellite, ou d'un astéroïde gravitant autour d'un astre.

LE SYSTÈME SOLAIRE

C'est le système planétaire auquel appartient la Terre. Il est composé d'une étoile, le Soleil, autour de laquelle gravitent des objets célestes dont les planètes.

UNE ÉTOILE

C'est un corps céleste qui émet sa propre lumière.

LA GRAVITÉ

C'est le phénomène d'attraction d'un corps vers le centre de la Terre.

LA PESANTEUR

C'est la même chose que la gravité. Son contraire est l'impesanteur.

LES SATELLITES

Il faut distinguer les satellites naturels, c'est-à-dire les corps célestes qui gravitent autour d'une planète et les satellites artificiels, qui sont des objets placés en orbite autour d'un astre.

LE ROVER

En astronautique, le rover désigne un véhicule construit spécialement pour les déplacements sur des astres.

DÉCOUVRE LA COLLECTION
Dis Pourquoi ?

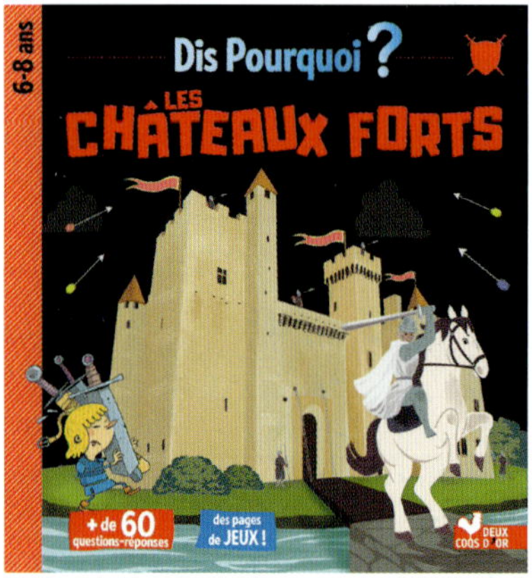

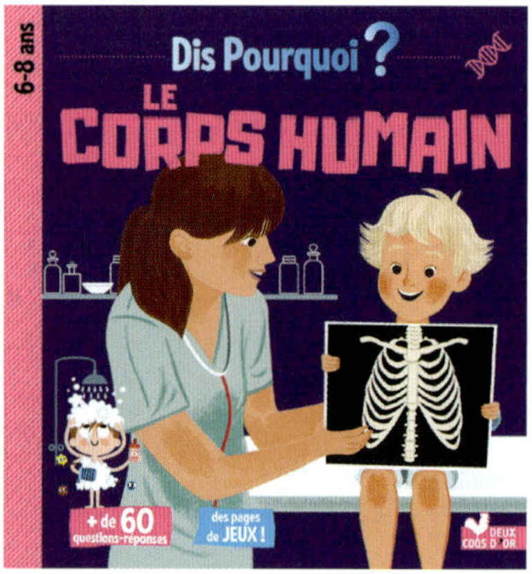